AF247061

EXPOSITION

DE LA

DOCTRINE MÉDICALE

ALLEMANDE,

PAR M. DURINGE,

DOCTEUR EN MÉDECINE DE L'UNIVERSITÉ DE GOTTINGUE;

ANCIEN MÉDECIN EN CHEF, ETC., ETC.

Autorisé par le Roi à exercer en France.

A PARIS,

CHEZ GABON, LIBRAIRE,

RUE DE L'ÉCOLE-DE-MÉDECINE, N°. 10.

A MONTPELLIER, CHEZ LE MÊME LIBRAIRE;

ET A BRUXELLES, AU DÉPÔT GÉNÉRAL DE LIBRAIRIE MÉDICALE FRANÇAISE,

Marché aux Poulets, n°. 1213, au coin de la rue des Fripiers.

1827.

M'occupant depuis long-temps de la composition d'un ouvrage qui doit former un système complet des connaissances médicales, j'ai pensé qu'il était convenable de le faire précéder d'un exposé sommaire qui donnât, en quelque sorte, un aperçu de la doctrine médicale allemande. Tel est le but du présent travail, dans lequel j'ai conservé les formes théoriques générales reçues dans les universités. Je le soumets avec confiance au jugement des savans médecins qui, de nos jours, illustrent l'école française.

Des liens de famille ne m'ayant déterminé, que depuis peu à fixer ma résidence en France, je n'ai pu acquérir qu'une connaissance très-superficielle de la langue de ce pays. J'ose donc espérer qu'un étranger trouvera grâce devant la sévérité de ses lecteurs, surtout lorsqu'ils appartiennent à une classe dont la noble profession exige impérieusement l'alliance des lumières et des vertus sociales.

Paris, le   août, 1827.

CONSIDÉRATIONS GÉNÉRALES.

Toute doctrine médicale conforme à la nature doit être fondée sur la connaissance approfondie de l'homme dans l'état sain, la physiologie; et de l'homme dans l'état malade, la pathologie.

La pathologie est purement théorique, et ne donne pas seulement le savoir, mais elle développe aussi les principes sur lesquels il repose. Elle nous fait voir comment les mouvemens intérieurs harmoniques de l'idéal de la vie, qui constituent la santé, s'arrêtent, et comment, de cette suspension et du désordre intérieur occasioné par elle, sortent et se développent les nuages de la vie, les maladies. Elle suppose la connaissance des lois intérieures de la vie et de l'harmonie de ses mouvemens; elle suppose en outre celle du rapport de toute la nature extérieure à la nature organique entière, et à chaque organisme en particulier.

Elle résout les questions suivantes :

1. Comment un désordre dans l'harmonie du

mouvement de la vie devient-il possible ? (Idée absolue de maladie.)

b. Quand faut-il nécessairement qu'elle ait lieu ? (Idée relative de maladie.)

c. D'après quelles lois le développement de la maladie s'effectue-t-il ?

d. Comment s'opère la transition de la maladie en forme de maladie, et d'après quelles lois ?

e. Quelles sont les classes fondamentales de toutes les diverses formes de maladies apparentes ?

Ce n'est point l'empirisme, mais la théorie ou l'étude de la nature de l'homme, qui peut nous conduire à la solution de ces questions.

§. La nature, dit l'immortel Buffon, est le système des lois établies par le Créateur pour l'existence des choses et la succession des êtres.

§. Elle est régie par un principe absolu, unique, formateur, répandu dans l'univers entier.

§. Ce principe se manifeste dans la réalité et dans l'idéalité. Ces deux puissances constituent un tout cohérent, car toute idée subjective (*idealis, subjectum*) cherche immédiatement à se réaliser ; toute idée objective (*realis, objectum*) tend à s'élever à l'idéal, à se spiritualiser.

§. Ce principe absolu doit être considéré par et en lui-même ; il ne peut être conçu sans cesser d'être absolu, de même qu'il ne peut, comme tel, ni paraître, ni se manifester. Il ne peut être une seule puissance en activité, car elle se perdrait à l'infini. Le considérer comme deux puissances égales en opposition serait contradictoire, car elles s'annuleraient, elles se neutraliseraient. En général, ce principe ne peut paraître que dans la réalité et dans l'idéalité ; mais, pour qu'il se manifeste, il faut que l'opposition du subjectif et de l'objectif se développe en lui ; ce qui constitue un dualisme (*dualismus*) de puissances contraires susceptibles de combinaisons infinies. Pour opérer la réunion de ces deux puissances, il en faut une troisième, que je nomme force formatrice ou synthétique. Tout ce qui existe, provient de l'absolu, et n'existe que par le dualisme de ces puissances en opposition, réunies par cette puissance synthétique en identité relative : triplicité (*trias naturæ*). De l'absolu sortent des idées à l'infini, telles que l'idée de pierre, de plante, de polype, d'organisme. Les recherches concernant ces idées peuvent être poussées jusqu'à un certain point, mais elles doivent s'arrêter à l'absolu, parce qu'il ne s'y trouve pas.

Exemples. Le kali réuni à l'acide produit, par la force synthétique, un sel.

La fleur dort dans le bouton ; celui-ci se développe ; les pistils mâles et femelles, et les étamines, paraissent ; par la réunion synthétique naît un tiers, la semence, qui se reproduit de nouveau et se développe ultérieurement. (*Trias.*) Le bouton représente ici l'absolu, le subjectif et l'objectif s'y développent ; un tiers s'y joint et ne peut s'y joindre que comme moyen de réunion.

Donc, le dualisme uni par le trias est le principe de toute apparition dans le monde.

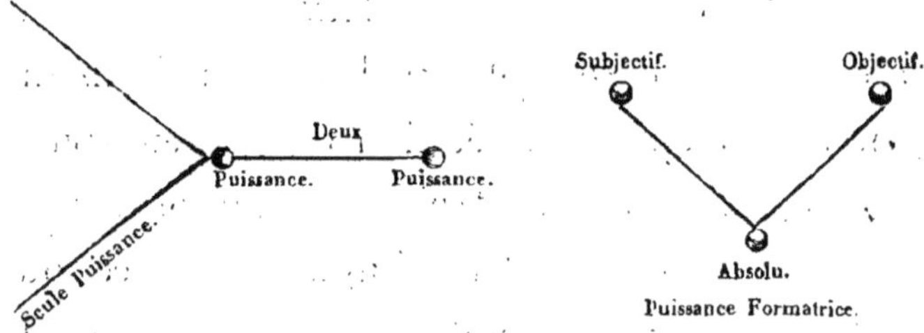

§. C'est du principe absolu que doivent partir toutes les recherches dans la médecine ; car on ne peut concevoir l'existence d'un être quelconque qu'en le considérant par rapport à son origine, à sa nature. Ce principe étant la source de toute vie organisée et inorganisée, est la base de la physiologie et de la pathologie.

§. Dans mes recherches je m'occupe du monde

organique; mais celui-ci ne peut être reconnu qu'en opposition avec le monde inorganisé : l'homme doit donc être approfondi dans ses rapports avec la nature. On ne peut pas plus le comprendre hors d'elle, qu'on ne peut concevoir l'œil hors de lui, où, pour le physiologiste, il n'est plus œil.

Différence du monde organique et du monde inorganisé.

§. La nature inorganisée reste toujours en repos. Elle ne montre son activité que par la destruction de ses productions, et ce n'est que lorsque deux corps s'annulent, qu'il se forme par le trias un troisième, différent des deux premiers. Voilà l'apparition de la vie inorganisée. Kali, acide, sel.

Ainsi, les corps inorganisés sont compris dans l'identité absolue.

§. La nature organique, toujours en mouvement, toujours active, est cependant toujours la même. Changement, métamorphose et rétablissement d'elle-même dans le même moment, voilà son but. Les corps organiques sont également compris dans l'identité absolue.

Le monde inorganisé ne se manifeste que dans

son existence; le monde organique se manifeste dans son activité. Ces deux mondes paraissent être opposés; mais ils ne font qu'un. Ils se développent l'un de l'autre, et l'un dans l'autre. *Ex:* Feuille, fleur ; animaux, végétaux. Le même rapport existe entre toute la nature organique et toute la nature inorganisée; la première n'est que le perfectionnement de la dernière. Dans celle-ci, la puissance du trias est comme détruite, et ne paraît que dans sa totalité; dans la première, il agit avec toute sa force. (Puissance productive, vitale.) La nature inorganisée se trouve toujours dans un état de mort. La vie est produite par le contact du monde organisé avec le monde inorganisé; car la vie ne se manifeste que dans le conflit entre la vie et la mort.

§. L'idée de la vie organique ne peut pas avoir dans elle le principe, le motif de son apparition; car, là où règne l'harmonie, il ne peut y avoir discordance.

§. Dans la nature extérieure gît la condition de l'apparition de la vie organique.

Le monde inorganisé, d'après ses lois, tend à déterminer la sphère du monde organique à se combiner avec elle; et, par l'action qu'il exerce sur lui, il devient la condition du dérangement de l'identité organique, condition extérieure de l'apparition réelle de la vie organique. Sans cela, la nature resterait éternellement morte. (Sans sollicitation il n'y a point d'excitation ; sans excitation, point de vie.)

L'idée de la vie organique ne peut se manifester que si on lui suppose nécessairement :

Réceptivité, ou la faculté d'être affectée par la nature extérieure. (Activité idéale, activité de la nature sur elle-même, sphère subjective.)

Faculté réactive (*vis reagens*), de l'activité organique opposée à l'activité de la réceptivité. (Activité réelle (*realis*), activité vers l'extérieur, sphère objective.)

DÉDUCTION.

Faculté productive (*vis producens*), puissance troisième, effectuant l'identité relative, unité de toutes les oppositions, à un degré supérieur.

Le dualisme intérieur, considéré dans son idée, est donc, dans l'apparition de la vie organique, une opposition déterminée de réceptivité et de faculté réactive.

La réceptivité et la faculté réactive étant en rapport entre elles et avec la nature extérieure, ont chacune un pôle positif et un pôle négatif.

Il doit nécessairement exister une continuité de pôles opposés, mais qui coïncident entre eux.

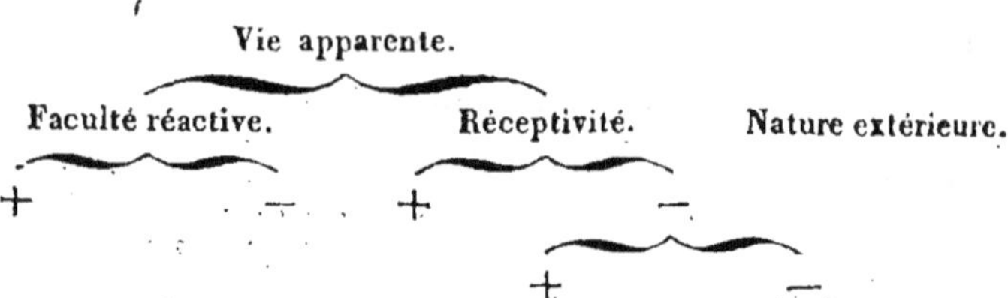

Chaque partie de la vie organique renferme donc évidemment en elle-même les principes d'activité négative et positive.

§. La nature organique ne se développant que par l'opposition de la nature extérieure, ses facteurs (pôles) étant divisés par celle-ci, mais réunis par la faculté productive, représente la destruction et la réapparition, dans un état plus parfait, de la nature inorganisée.

§. La tendance de la faculté productive est donc en opposition avec celle de la nature extérieure. Les trois facteurs sont la condition de toute apparition organique. La productivité est l'identité relative de la réceptivité et de la réaction. Elle doit être modifiée aussitôt que la proportion des facteurs n'est plus la même. C'est là le prin-

cipe de toute diversité dans les produits organiques.

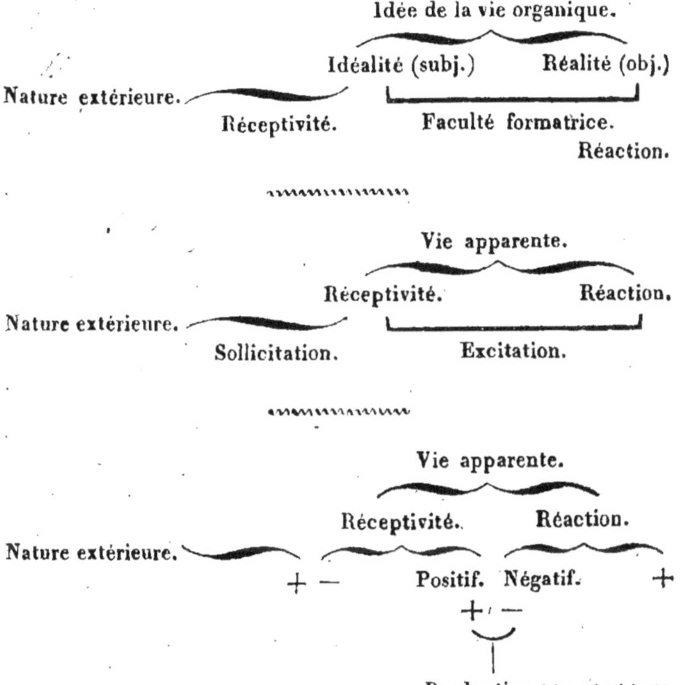

§. Les rapports fondamentaux des trois puissances
qui produisent la vie organique dans sa manifestation, et des lois qui en résultent, sont :

1. Le rapport entre la nature organique et la
nature extérieure.

2. Le rapport des facteurs de la vie entre eux
et de chacun en particulier avec le monde extérieur.

14

α. Celui de la réceptivité avec le monde extérieur.

β. Celui de la réceptivité avec la réaction , *et vice versâ.*

γ. Celui de la réaction avec le principe excitant (*incitamentum*).

δ. Celui de la faculté productive avec les facteurs.

§. L'expression visible des facultés reconnues précédemment et de leurs lois ne peut être que l'expression extérieure des puissances indiquées , ainsi que de leurs rapports. Elle ne peut être que le résultat de ces puissances qui constituent la vie, et de leur unité, c'est-à-dire elle doit nécessairement manifester une identité relative de réceptivité, de réaction et de production : organisme.

Ce n'est que dans l'organisme que se trouvent la faculté excitante (*excitatio*), et la faculté productive.

§. La vie sé manifeste par l'organisme dans le monde réel, et, à cet égard, il faut aussi qu'elle soit soumise aux lois de toute influence extérieure.

Il doit y avoir :

1. Limitation des lois de la faculté excitante (*Excitatio*) par l'espace et le temps.

2. Limitation des lois de la production par l'espace et le temps.

De là résultent : la succession, l'intensité, l'extension ou le développement de la vie dans ses diverses manifestations.

§. Toute vie apparente n'est que le développement d'elle-même. Donc :

a. Le développement de l'idée de la vie ne peut se manifester que dans une série infinie de productions infinies. (Gradation dynamique de la nature.)

b. Il se manifeste graduellement dans un développement toujours supérieur des productions en particulier.

Développement d'un organisme de la faculté productive.

Développement d'un organisme de la réceptivité.

Développement d'un organisme de la faculté réactive.

La réceptivité et la faculté réactive, lorsqu'elles paraissent dans une forme indépendante, sont objectives, comme systèmes.

Par la réceptivité l'organisme se combine avec le monde extérieur : passivité, mouvement négatif.

Par la réaction l'organisme manifeste son activité vers le dehors ; mouvement positif.

Système nerveux : sensibilité, sensations. (Idéa-lité, subjectivité.)

Système sanguin : irritabilité, mouvement. (Réalité, objectivité.)

Système producteur : végétation, animalisation, assimilation de la reproduction.

Trois diverses formes de vie se trouvent consé-quemment réparties dans les trois systèmes de l'organisme parfait :

Le cerveau, le cœur, le canal intestinal.

Dans ces organes centraux est située l'unité de toutes les formes de vie de chaque système. L'u-nité de l'idée plus parfaite ne peut être que dans la connexion de l'organisme, par laquelle tout existe. Cette connexion, parce qu'elle est l'unité du tout, ne peut être démontrée dans un organe particulier ; mais on rencontrera empiriquement une connexion réciproque de tous les systèmes, etc. (*Anatomie empirique.*)

Plus un système a acquis de développement, mieux il est représenté d'une manière empirique dans une sphère libre et ne naissant que d'elle-même.

La tête, le thorax, l'abdomen.

Quand on jette un coup-d'œil sur toute la na-ture, et que l'on place l'homme en quelque sorte vis-à-vis d'elle pour la comparer avec lui, on voit l'indépendance des systèmes ; par exemple, dans le polype, etc. Le rapport relatif des facteurs constitue l'identité relative, quoique tout organe, système, etc., soit une unité du trias ; mais elle ne l'est pas toujours de la même manière : c'est pour cela qu'il se trouve dans chaque organe des traces de réceptivité et de réaction. Toute la différence des formes de vie ne consiste que dans d'autres manifestations de la même idée dans tous les individus. Ce n'est qu'en ce sens que peuvent être compris les phénomènes sans nombre de la vie et surtout des maladies.

Le caractère fondamental de chaque vie organique parvenue à un haut degré de développement, gît dans la différence de l'identité relative de la sensibilité et de l'irritabilité, mais non dans un seul système, car toutes les deux procèdent de la même base, d'une manière uniforme et proportionnelle ; de là provient la différence chez les animaux. (*Animalitas.*)

Donc, il y a trois diverses formes fondamentales de vie.

a. Identité relative de la sensibilité. Sensations.

β. Identité relative de l'irritabilité. Mouvement.

γ. Identité relative de la sensibilité et de l'irritabilité. Activité productive.

c. Développement par gradation de la vie intellectuelle. (*Contemplatio subjectiva*.)

Ce n'est que lorsque l'organisme a atteint le degré de développement où il est devenu production indépendante de la réceptivité, et où, par conséquent, la sensibilité est développée, que la vie peut diriger son activité sur elle-même :

Vis productiva; intussusceptio : Contemplation intellectuelle ;

Réceptivité : Faculté de sentir ;

Faculté réactive : Faculté de penser.

d. Considérations du développement et du cercle (*cyclus*) de chaque vie individuelle.

Toute vie individuelle commence par un maximum de réceptivité à lui appartenante (*fig*. A ou B, voy. *a*), et par un minimum de réaction à lui appartenante.

Élévation, abaissement successif et réciproque des facteurs — + — + — — +.

Germe ; fleur ; semence.

Enfant ; adolescent ; vieillard.

Métamorphose ; achèvement du développement.

Sommeil ; sphère plus étroite de la vie.

Réconciliation des facteurs pendant le sommeil.

Polarité de la vie, telle que la déclinaison de l'aiguille aimantée dans la boussole.

La figure A ci-dessous représente le mouvement progressif des facteurs, le développement et la régénération de la vie. (*Vis productiva*. Régénération.)

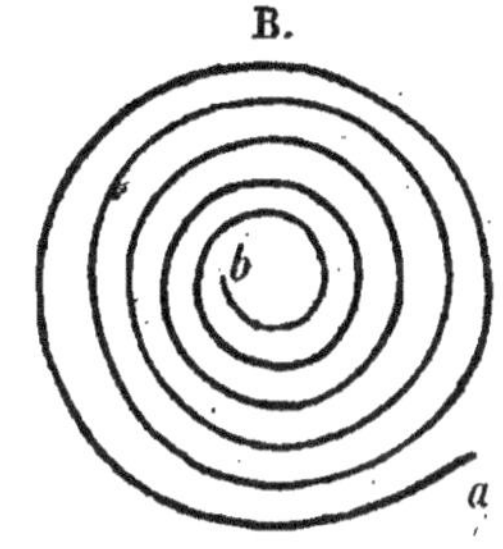

(La ligne spirale B ne représente la vie que dans le sens qu'elle retourne dans elle-même; elle n'exprime pas son développement, qui est représenté par les cercles doubles.

---

§. Exposition des divers points de vue et des considérations fondamentales basées sur eux, sous lesquels la vie et ses phénomènes visibles peuvent être conçus et jugés.

1. Considération de la vie comme excitation (*excitatio*), et de son unité dans l'irritabilité, comme principe unique.

2. Considération de la vie comme identité re-

lative dans la différence qualificatrice des formes de la vie.

3. Considération de la vie sous le point de vue de la différence relative, et de l'opposition des diverses formes qualificatrices de la vie.

Les principes sur lesquels reposent la première et la troisième considération sont opposés entre eux. La première n'établit qu'un point de vue trop étroit ; la troisième en établit trop.

La seconde considération, celle dont nous nous occupons ici, et qui est la seule générale, réunit les deux autres et leur donne leur véritable signification.

§. Toute vie est infinie ; mais son apparition est finie.

La division de l'idée de toute vie et son opposition à elle-même forcent le dualisme à la réunion synthétique.

DÉDUCTION.

Les sexes : Chaque sexe forme l'individu (*individuum*). Les deux sexes (*individualités*) forment l'idée entière.

§. L'idée de la vie, par conséquent, n'apparaît que partiellement dans les représentations particulières déduites de cette idée des individualités.

Considérations des momens dans et par lesquels les individualités sont formées :

Enfance, adolescence, âge mûr, vieillesse.

Germe, bouton, fleur.

Différence des individualités :

1. Différence de l'individualité, à raison du sexe.

2. Différence de l'individualité à raison de la disposition primitive.

3. Différence de l'individualité à raison du développement et de l'influence de la nature extérieure, comme *medium* de la réalisation de sa production visible.

4. Différence de l'individualité résultant de l'âge et de la métamorphose.

Conséquences : possibilité infinie du développement du genre, non-seulement dans la régénération continuelle successive du germe, mais aussi dans la diversité infinie des individus qui, tous, pourtant, ne représentent qu'une idée de leur genre.

§. Le tempérament est l'expression totale de l'homme.

§. Déduction de l'exposition différente de l'idée générale d'un organisme dans un organe particulier (des organes d'un organisme).

a. Différence qualificatrice des organes particuliers.

b. Tout organe est lui-même un organisme. Le développement et la vie de l'organisme sont

parallèles au développement progressif de ses organes.

c. Tous les organes, considérés extérieurement
(par rapport à l'organisme), sont identiques et
ne diffèrent entre eux que par la manifestation
graduelle des qualités générales de leur organisme.

d. Tout organe particulier a une sphère vitale
propre ; il est opposé à tous les autres organes du
même organisme ; mais étant compris dans la totalité, ses actions sont limitées.

e. L'influence des périodes du développement
dans lesquelles se forment les sphères de vie des
organes particuliers, est très-importante.

f. Comme le rapport intérieur de chaque organe
lui est particulier, il se manifeste aussi dans son
opposition avec la nature extérieure, comme qualité particulière.

Sympathie. Antagonisme (*Antagonismus*).

§. Par la recherche du développement des organes particuliers, nous avons maintenant approfondi la vie dans sa manifestation individuelle.

§. Parallèles : le monde des individus et des
individualités, l'organisme, les organes.

Comme les individus ont des rapports avec
l'idée de la vie en général, de même les organes
particuliers ont du rapport avec l'organisme. Nous

voyons que déjà les anciens appelaient, non sans raison, l'*homme microcosmus*.

———

De la Nature extérieure, considérée dans son opposition et dans son action par rapport à l'organisme.

§. Toute la nature extérieure (*sollicitamentum*), différente d'après les termes de quantité et de qualité, se divise en deux classes opposées entre elles.

a. Celle qui cause le dérangement de l'identité organique en diminuant la réceptivité et en augmentant la faculté réactive.

b. Celle qui effectue l'altération de l'identité organique, en augmentant la réceptivité et en diminuant la faculté réactive.

§. Dans la nature extérieure gît, comme la réceptivité et la faculté réactive, dans l'organisme, la polarité positive et négative. (Stimulans pos. et nég.)

§. Toute qualité de la nature extérieure est opposée au monde organique; mais l'effet déterminé de sa tendance est modifié suivant la qualité de l'identité organique relative sur laquelle il agit. Il dépend donc uniquement du rapport relatif de réceptivité et de faculté réactive, dans lequel ces deux facultés sont regardées comme identiques.

§. De même que les facteurs opposés de réceptivité et de faculté réactive dans le monde òrganique apparaissent réunis (vermittelt) dans la vie des trois qualités, de la sensibilité, de l'irritabilité et de la production, de même il faut que l'opposition primitive de la nature inorganisée apparaisse en *formations* (bildungen), qui, comme identité relative de ces deux puissances en opposition, ont acquis une apparition particulière. Ce sont les principes fondamentaux de la chimie. Le tableau ci-dessous rendra ce paragraphe plus clair.

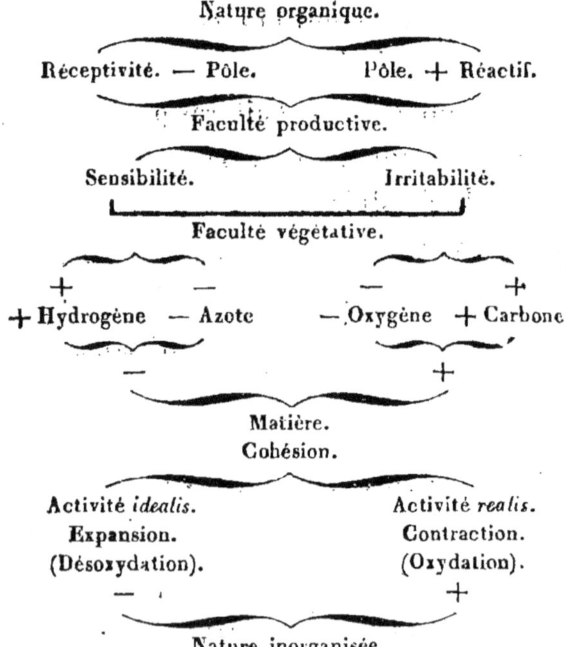

Ces principes fondamentaux, tant qu'ils sont purs, sont en opposition directe avec les facteurs de la sensibilité et de l'irritabilité. Donc, plus ils agissent fortement sur celles-ci, plus ils détruisent l'unité de la sphère organique.

Poisons :

    Les narcotiques correspondent au carbone.

    Les miasmes (contagions). . . . . . . à l'hydrogène.

    Les alcalis caustiques . . . . à l'azote.

    Les acides concentrés. . . . . à l'oxygène.

Conséquence : diminution et dissolution de la cohésion organique par les moyens négatifs ; phénomènes opposés produits par les remèdes positifs.

Dans la nature extérieure la qualité correspondante à la faculté reproductive est la nourriture ou la qualité indifférente de la nature (das *indifferente*, c'est-à-dire ce qui ne différencie pas l'organisme.)

§. Toute production de la nature extérieure produit un effet différent dans chaque organe en particulier.

§. Ces considérations sont relatives aux individualités, à l'égard de la même règle.

Santé, Maladie.

§. Il y a perfection dans la manifestation et dans le développement de toute vie individuelle, lorsque la proportion des facteurs dont elle se compose, se développe dans son mouvement progressif et harmonique, de manière qu'elle se présente de même dans les formes extérieures jusqu'à ce que l'épanouissement limité de cette vie trouve sa fin nécessaire dans l'accomplissement de la manifestation. (Idée absolue de santé.)

§. Il y a maladie partout où, par l'opposition du rapport intérieur des facteurs avec le degré relatif du développement de l'individu, l'épanouissement ultérieur harmonique de la vie est arrêté. (Maladie, définition absolue, idée absolue de maladie.)

---

§. Le mot maladie est applicable à la définition d'un désordre quelconque survenu dans une monade ou dans un système. L'un et l'autre peuvent être dérangés d'une manière triple.

$$
\begin{aligned}
&\text{A.} \left\{ \begin{array}{l} \alpha.\ \text{Par l'exaltation} \\ \beta.\ \text{Par la diminution} \end{array} \right\} \text{de la réceptivité.} \\
&\text{B.} \left\{ \begin{array}{l} \alpha.\ \text{Par l'exaltation} \\ \beta.\ \text{Par la diminution} \end{array} \right\} \text{de la faculté réactive.}
\end{aligned}
$$

C.... Par le changement de la productivité, occasioné

    α. Par la prépondérance du facteur positif dans l'action de produire.

    β. Par la prépondérance du facteur négatif dans l'action de produire.

§. Les monades de notre organisation constituent des organes, les organes des systèmes, et les systèmes appartiennent aux formes diverses de la vie : sensibilité, irritabilité, végétation.

Dans l'homme le développement de toutes ces formes de vie est dans l'état le plus parfait, le plus compliqué et le plus relatif. C'est pour cela qu'aucun être n'est sujet à des maladies aussi graves et aussi nombreuses que l'homme, et ce n'est que dans lui et les animaux semblables que ces trois genres de maladies peuvent avoir lieu.

§. La maladie commençant son développement dans la monade organique, s'étend insensiblement et par degrés, et se communique à la totalité de l'organisme.

A. Différence et classification des maladies d'après le degré de l'étendue.

    a. Maladies n'embrassant qu'une monade.

    b. Maladies n'embrassant qu'un organe.

    c. Maladies embrassant un système entier.

    d. Maladies embrassant la totalité de l'organisme.

B. Différence des maladies d'après les trois systèmes fondamentaux, la sensibilité, l'irritabilité et la végétation. Cette différence constitue la qualité de la maladie, car, tous les organes, quoique différant entre eux extérieurement, sont cependant de la même nature.

Par ex. : l'œil et le canal intestinal, malgré leur différence extérieure, ont pour base tous les deux l'irritabilité, la sensibilité et la végétation.

Classification de ces maladies d'après le dérangement extérieur.

1. Formes de maladies de la vie végétative : maladies chroniques, éruptions cutanées, lèpres, syphilis; les diverses cachexies. Ces maladies, dans leur marche progressive, gagnent les autres systèmes.

2. Formes de maladies de la sensibilité : paralysie, surdité.

3. De l'irritabilité : spasmes, convulsions; blépharoblégie, asphyxie, etc. : maladies différentes seulement par un degré plus éminent.

Les maladies, sous les numéros 2 et 3, sont de plus courte durée que les précédentes.

Tout dérangement qui, comme nous l'avons remarqué, peut être de nature triple, est caractérisé:

a. Par l'exaltation.

b. Par la diminution.

c. Par l'aliénation ou la production spécifique.

Par exemple : un objet nous paraît quelquefois

rouge, quoiqu'il soit bleu. Aliénation spécifique de l'œil.

Dans les fièvres nerveuses, l'hystérie, etc., c'est la sensibilité qui est spécifiquement altérée; dans la danse de saint-Guy, c'est l'irritabilité, etc.

C. Différence des maladies d'après leur degré d'intensité intérieure :

     α. Lorsque le rapport relatif des pôles est essentiellement changé.

     β. Lorsque l'identité relative est altérée.

     γ. Lorsque l'organisme entier est dérangé d'une manière absolue.

Réceptivité.   Production.   Réaction.

L'inflammation est toujours le plus haut degré de la maladie.

§. L'art de guérir suppose la connaissance des maladies, et la possibilité de la guérison ; la connaissance des lois d'après lesquelles l'organisme est changé; la connaissance des remèdes et la séméiotique.

§. Diversité des manières d'envisager la vie et l'effet de la nature :

L'action du médecin sur une maladie doit se baser sur

a. L'idée du procédé de la vie.

b. L'idée de la maladie.

c. Le rapport de l'homme avec la nature.

Le procédé artificiel du médecin doit être l'opposé de celui de la nature. La contraction causée par un refroidissement ordonne la provocation de l'expansion. Le traitement d'une maladie doit être différent, selon les idées qu'on se forme de la vie. D'où viennent les différentes théories, les différens systèmes, basés sur la sthénie et l'asthénie, sur l'action chimique, sur l'action chimico-mécanique (empirie rationnelle); le système des humeurs, celui du sang, celui de l'empirie, celui enfin des philosophes. Quelle diversité d'opinions! quelles vues étroites dans les uns, quelles divagations dans les autres !

§. Il n'y a qu'une seule pathologie vraie, c'est celle qui est puisée dans l'étude approfondie des lois générales de la nature, et qui réunit les vérités des divers systèmes. C'est elle qui doit seule conduire le médecin. Dès qu'on aura saisi avec clarté l'idée, l'essence de la nature, la maladie paraîtra également claire.

§. Le procédé de la vie représente des changemens dynamiques et matériels. C'est un fait auquel il faut bien faire attention dans la pathologie ; car il nous fait comprendre de quelle manière le dérangement de l'un entraîne celui de l'autre.

§. La matière médicale doit exposer :

a. L'opposition générale de la nature extérieure à la nature intérieure.

b. L'opposition de la nature aux systèmes.

c. L'opposition, dans leur quantité, des actions des corps particuliers ayant entre eux des rapports différens de qualité aux organes particuliers qui leur correspondent par des rapports pareils.

§. Les remèdes ont un rapport quadruple à l'organisation de l'homme. Ils agissent :

1. Par l'exaltation ou la diminution.

2. Ils agissent sur la polarité dans l'organisme. (*in specie* sur la sensibilité, l'irritabilité, ou la végétation.)

3. Tout remède a son rapport avec tel ou tel organe, par exemple, la peau, etc.

4. Tout remède a son rapport déterminé dans certaines maladies. (Spécifiques.)

FIÈVRES.

(Maladies qui affectent l'organisme entier.)

Quelles maladies importantes que les fièvres, tant par elles-mêmes que par leur nombre! La moitié des maladies que le médecin a à traiter sont des fièvres.

Préliminaire. — En explorant une maladie quelconque il faut chercher à découvrir :

a. Le siége véritable de la maladie.

Par exemple, *l'ophthalmie* est quelquefois *iritis; colica; colica nephretica.* On conçoit aisément que dans le traitement il faut avoir égard à ces différens cas.

b. La qualité de l'abnormité de l'organe malade; le degré de son dérangement. Il faut examiner si la sensibilité, l'irritabilité ou la végétation est affectée, si elle est affectée dans son expansion ou dans sa contraction, et à quel degré. C'est sous ce point de vue qu'il faut examiner, p. ex., l'Iritis.

c. On doit considérer le rapport relatif de cet organe avec les autres. *Consensus, antagonismus.* La connaissance de ces rapports est très-importante; elle nous explique tous les phénomènes de la maladie.

Par exemple :

Ophthalmia, iritis, iritis arthritica.
Colica nephritica, etc., etc.

Pour atteindre le but qu'on se propose dans ces différentes recherches, il faut employer les moyens suivans :

1. Une étude très-exacte et circonstanciée de l'individu.

2. Un examen sévère de l'histoire de la maladie. L'*Arthritis* nous fait voir combien ce moyen est important.

2. L'examen des causes extérieures et du moment où elles ont agi.

4. Il faut saisir exactement l'ensemble de l'état de maladie d'une manière intellectuelle et objective.

———

La fièvre est caractérisée par quatre symptômes extérieurs essentiels, phénomènes caractéristiques.

a. Le dérangement du pouls ; ordinairement il est accéléré ; mais il faut, pour bien juger ce symptôme, faire attention à l'âge du malade.

b. Le changement de la température. Le malade éprouve du froid ou du chaud, ou tous les deux à-la-fois.

c. Le changement du sentiment de soi-même :

tantôt on se sent faible, découragé ; tantôt on est animé, plein de courage.

d. Dérangement de l'assimilation ; manque d'appétit. Altération dans les sécrétions et dans les excrétions.

D'autres dérangemens accompagnant la fièvre ne sont pas essentiels. Toute autre maladie peut exister en même temps que la fièvre, telles que la paralysie, les affections spasmodiques, les palpitations de cœur, le défaut de digestion, etc.

Étiologie. — Les causes éloignées de la fièvre, relativement à leur effet, se réduisent à celles-ci :

1. La déviation sensible de la somme totale de l'excitation de l'organisme ; par exemple, après l'échauffement.

2. Le dérangement manifeste du système de la sensibilité. Exemple : affections morales.

3. Le dérangement sensible du système de l'irritabilité. Exemple : efforts de l'irritabilité, fatigues.

4. Le dérangement sensible du système de la reproduction. Exemple : miasme, contagion.

5. Le dérangement considérable des fonctions des organes.

Cette dernière est la cause la plus fréquente ; car les organes sont faciles à être dérangés. Par exemple : les poumons, le cerveau, le canal intestinal.

La cause première est la condition de la maladie même.

Qu'est-ce que la fièvre ?

Nulle question n'a plus occupé les pathologues, et pourtant elle n'est pas encore résolue. Malgré la décision d'un ancien médecin, *nemo scit*, *nemo scivit*, *nemo sciet*, j'émets ma doctrine.

Une seule monade dérangée n'occasione point de fièvre ; mais qu'arrive-t-il si le dérangement va progressivement, de sorte qu'une monade, qu'un organe, qu'un système se trouve en contradiction avec les autres monades, organes et systèmes ? La nature fait alors des efforts pour rétablir l'équilibre, de même que les bassins d'une balance qu'on a dérangée cherchent à se remettre de niveau : et voilà le commencement de la fièvre.

La cause primitive de la fièvre n'est autre chose que les efforts de l'organisme total pour rétablir l'équilibre intérieur, ou l'harmonie intérieure de ses fonctions.

Par cette doctrine de la fièvre les questions suivantes se trouvent résolues d'elles-mêmes.

Pourquoi tant de maladies légères et même graves ne sont-elles pas accompagnées de fièvre ?

Dans quel cas la fièvre peut-elle avoir lieu ?

Peut-elle avoir lieu dans une maladie des cheveux, des poumons ?

Pourquoi la majeure partie des fièvres se guérissent-elles d'elles-mêmes ?

D'où vient, dans la fièvre, le phénomène appelé métastase ?

Pourquoi chaque maladie peut-elle être suivie de fièvre, et quand est-ce que cela a lieu ; *p. ex.* dans l'hydropisie ? En ce cas, à quoi attribuer la fièvre ?

Pourquoi la plupart des hommes ont-ils très-souvent le soir une légère fièvre ?

Et pourquoi est-elle passée après le sommeil ?

Pourquoi prend-on la fièvre après de longues veilles, après un fort exercice, un grand échauffement ? Pourquoi les enfans sont-ils si sujets à la fièvre, qui se passe après qu'ils ont dormi ?

Les médecins, jusqu'ici, n'ont pas saisi ce germe de la première cause des fièvres ; ils n'ont considéré que les phénomènes visibles.

Conclusions :

a. Chaque fièvre peut se guérir d'elle-même.

b. Le médecin ne doit que favoriser les efforts

de la nature, pour rétablir l'équilibre entre les systèmes.

c. Chaque maladie peut passer en fièvre ou devenir fiévreuse dans certaines circonstances.

d. Les maladies chroniques, les ulcères, etc., qui semblaient incurables, peuvent se guérir à la manifestation d'une fièvre.

e. Les fièvres peuvent cesser après que des maladies locales se sont formées.

f. Le sommeil est le remède le plus précieux, le plus efficace contre la fièvre.

g. Les enfans doivent être le plus exposés à cette maladie.

h. Toutes les causes indiquées ci-dessus doivent, dans certaines circonstances, l'occasioner.

i. Tous les organes, dans la fièvre, doivent être dérangés, conséquemment aussi leurs fonctions.

k. C'est d'après cette idée que le type propre de la fièvre, sa marche, son histoire, ses espaces, ses périodes et sa fin doivent être conçus. Dans l'histoire de cette maladie est comprise la manifestation extérieure de la cause primitive que nous avons établie ; car c'est de l'essence d'une maladie que dépend son apparition. (*Icterus*). Qu'on se rende compte des phénomènes suivans ; *stadium prodromorum, introitus febris, incrementi, fas-*

tigii , acmy (ακμη), criticum, febris finientis atque sequelarum s. reconvalescentiæ. Qu'on arrête surtout son attention à la crise ; qu'on se rende raison de *crisis materialis, dynamica, perfecta, imperfecta, metastasis virium atque materialis, metaschematismus,* etc.

l. Le type périodique des fièvres s'explique d'après la cause première. Remarquons qu'ici la totalité est attaquée ; remarquons le type régulier entre le sommeil et les veilles, le temps régulier des repas, de la dentition, des fonctions sexuelles, etc.

———

Classification des fièvres.

Toute division des fièvres qui n'est pas basée sur l'idée de la fièvre même, est inexacte.

On divisait autrefois les fièvres :

D'après la cause primitive qu'on avait présumée. *Febris inflammatoria, putrida, nervosa, gastrica, saburralis, biliosa, materialis, asthenica, sthenica (passiva et activa),* etc. : cette répartition ne comprend pas la première cause des fièvres ; par ex. : *la sthénie et l'asthénie* peuvent exister sans fièvre.

2. D'après les causes éloignées, elles sont sans

nombre. Voici les principales : *F. endemica, epidemica, sporadica, annua, stationaria, intercurrentis, vernalis, autumnalis, contagiosa, rheumatica, dyssenterica, arthritica,* etc.

3. D'après le degré de la maladie, et d'après les organes affectés : *F. universal., local., pectoral., gastric., idiopat., symptom., simpl., complicat., composit, arterial., venos., lymphat.*

4. D'après la marche de la fièvre ; *febris continens, remitt.; F. remitt. quotidiana; tertian.; quart.; F. intermitt.; F. interm. quotid.; tert.; F. int. quotidiana duplicata; quartana duplicata; F. int. larvata; maligna; convulsiva; F. int. regularis typica, errata; irreg. atypica; febris acuta; chronica; brevis; lenta,* etc.

5. D'après les symptômes apparens : *febris soporosa; convulsiva; apoplectica; flava,* etc.

6. D'après le désordre coexistant : *febris rheumatica; dyssenterica; catarrhalis; phthisica; arthritica,* etc.

7. D'après le danger de la fièvre, *febris maligna; perniciosa; benigna,* etc.

Toutes les divisions des fièvres ci-dessus sont au moins inutiles. Avant de passer à la classification que j'ai adoptée, je citerai encore les suivantes, qui ne sont pas sans quelque utilité pour la pratique.

a. La première est basée sur la différence du type quantitatif de l'excitation ; *F. activa ; passiva (sthenica, vel asthenica).*

b. La seconde repose sur l'affection de la qualité d'un système ou d'un organe ; *febris inflammatoria ; nervosa ; arterialis ; venosa ; lymphatica ; gastrica ; intestinalis ; catarrhalis ; exanthematica, etc.* Cette division est très-importante ; elle nous fait juger du genre de l'affection d'un système ; comme :

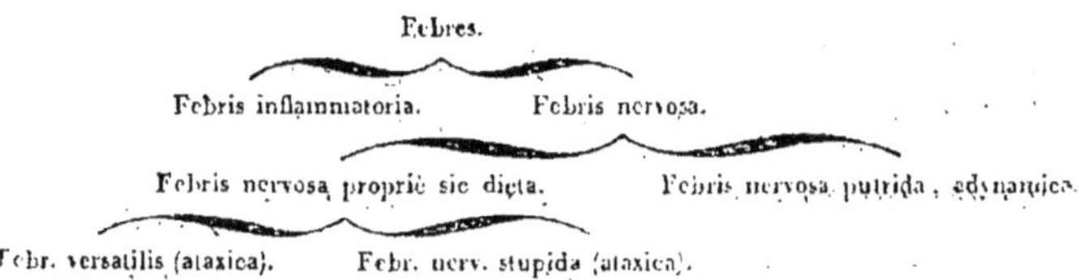

Nous verrons plus bas les phénomènes de ces fièvres, dans les systèmes de la sensibilité, de l'irritabilité et de la reproduction.

c. La troisième division se rapporte à la différence des périodes, etc. *Febris acuta, continua, remittens, etc.*

———

J'en viens maintenant à la véritable classification des fièvres, à celle qui résulte de leur cause primitive. J'ai donné plus haut la définition de la fièvre ; ses conditions sont le dérangement, le désordre d'un système fondamental, et les efforts que fait la nature pour rétablir l'harmonie. Les causes éloignées en sont multipliées à l'infini, mais elles se réduisent en dernier lieu à l'altération d'un système fondamental, soit de celui de la sensibilité, soit de celui de l'irritabilité. Le système de la reproduction ne peut avoir de fièvre qu'autant qu'il attaque, qu'il dérange ou trouble les systèmes fondamentaux.

La cessation, l'annulation, la suspension de l'équilibre de la sensibilité ou de l'irritabilité sont donc toujours la dernière cause.

C'est dans l'un ou l'autre de ces deux systèmes que doit être le premier principe de toute fièvre. D'où résultent :

A. Les fièvres occasionées par le dérangement de l'équilibre de l'irritabilité.

B. Les fièvres occasionées par le dérangement de l'équilibre de la sensibilité.

Unité de chaque système : réceptivité, réaction, pôle positif, pôle négatif ; aussitôt que l'un des deux a la prépondérance sur l'autre, l'équilibre cesse. Voilà la fièvre.

aa. *Système de l'irritabilité.*

Son pôle positif est représenté par la contraction.

Son pôle négatif est représenté par l'expansion.

L'ensemble de ses actions est l'activité vers le dehors.

Lorsque le pôle positif prédomine, il occasione le premier genre de fièvre.

Premier genre de fièvre, occasionée par le dérangement de l'équilibre de l'irritabilité. Le pôle positif (la contraction, la fonction irritable) est exalté.

Phénomènes :

a. Dans l'irritabilité : un accroissement d'énergie, le pouls est fort, plein, dur, égal, fréquent, vite, régulier. Les mouvemens du malade sont énergiques, durables ; sa respiration est rapide, énergique ; sa température est exaltée. Tous les phénomènes sont de longue durée.

ß. Dans la sensibilité. Elle n'est point altérée ou aliénée ; partout elle fait des efforts pour reprendre l'équilibre. Le sentiment de soi-même est affaibli, mais naturel : l'énergie est très-exaltée. Les idées sont pleines de force, de même que les délires ; ceux-ci ne sont pas fatigans, tourmentans, mais de longue durée. Les sens sont très-énergiques. Persévérance dans tous les phénomènes.

γ. Dans la reproduction, la contraction prédomine. Symptômes : urine rare, trouble, sans sédiment ; bouche sèche; peau sèche ; excrémens secs. Toutes les sécrétions ont le même caractère.

Ne voyons-nous pas que cette fièvre est la fièvre appelée *F. inflammatoria; s. activa; s. sthenica?*

A cette espèce de fièvre est opposée la seconde espèce, dans laquelle le pôle négatif domine dans l'irritabilité. Celle-ci est affaissée.

Deuxième genre de fièvre, occasionée par le dérangement de l'équilibre de l'irritabilité; le pôle négatif où l'expansion est prépondérant.

Phénomènes (Ils doivent être opposés aux précédens).

a. Dans l'irritabilité. Affaissement (*depotensatio*) de toutes les fonctions. Faiblesse générale. Pouls faible, sans énergie, fréquent, vite et petit,

irrégulier daus les différentes périodes. Respiration inégale ; absence de contraction dans la respiration ; hémorrhagies passives ; sécrétions abon-
dantes.

b. Dans la sensibilité. Faiblesse, décourage-
ment, anxiété ; affaiblissement général de toute
les fonctions de la sensibilité ; efforts momentanés
pour soutenir la lutte.

c. Dans la reproduction. Observez le caractère
de toutes les sécrétions. Phénomènes du commencement de décomposition ; une chaleur brûlante
(*calor mordax*) ; sueur gluante ; urine trouble,
épaisse ; sang noir ; diarrhées fréquentes.

On voit clairement que c'est la fièvre appelée
*febris putrida ; F. nervosa putrida ; F. adyna-
mica,* qui, étant acompagnée de certains carac-
tères particuliers, constitue le typhus, dont la peste
orientale et la fièvre jaune sont des modifications.

bb. *Système de la sensibilité.*

Le caractère de ce système est son activité à
l'intérieur ; l'organisme a la conscience de son
action.

La sensibilité exaltée est représentée par le
pôle positif, qui est l'expansion de la sensibilité.
Le pôle négatif représente la contraction.

Lorsqu'un des pôles prédomine , il occasione là fièvre. De là résulte le troisième genre de fièvre.

Troisième genre de fièvre, occasionée par le dérangement de la sensibilité. Le pôle positif étant prépondérant la sensibilité est exaltée.

Phénomènes.

a. Dans la sensibilité. Beaucoup de susceptibilité pour toutes les affections ; sens tous très-énergiques ; gaité ; vivacité des facultés intellectuelles , mais sans durée.

b. Dans l'irritabilité. Mêmes symptômes ; pouls tantôt fort, tantôt faible ; faiblesse ; épuisement. Les symptômes de ce système sont les mêmes que ceux du précédent.

c. Dans la végétation. Inconstance des symptômes dans ce système comme dans les autres. Le malade éprouve tour-à-tour le chaud et le froid ; affaiblissement ; sécrétions tantôt aqueuses, tantôt épaisses.

Cette fièvre, qui est la fièvre nerveuse versatile, ressemble beaucoup à la première. Là il y a exaltation de l'irritabilité , ici de la sensibilité.

Il faut saisir la différence caractéristique de ces deux espèces de fièvres.

Quatrième genre de fièvre , occasionée par le dérangement de l'équilibre de la sensibilité. Le pôle négatif (la contraction) est prédominant. Affaissement de la sensibilité.

Phénomènes :

a. **Dans la sensibilité.** Elle est presque nulle. Sommeil léthargique (*sopor*); paralysie des organes des sens ; délires tristes, tranquilles ; absence de spasmes, mais bien *subsultus tendinum , tremor artuum;* stupidité. Nul changement des phénomènes.

b. **Dans l'irritabilité.** (*Voyez* la fièvre occasionée par l'affaissement de l'irritabilité.) Faiblesse extrême, même caractéristique ; prostration totale ; le pouls n'est même pas trop accéléré , mais faible, lent, facile à comprimer ; respiration faible, soupirante.

c. **Dans la végétation.** État presque paralytique ; rareté des sécrétions et des excrétions ; paralysie des sphincters de la vessie, de l'anus ; peau brûlante, sèche comme du parchemin , parfois fraîche, insensible ; urine rare , trouble. Le malade ne fait que végéter.

Il est évident que cette fièvre est la *febris*

*nervosa stupida ; s. torpida ; s. paralytica ;
s. ataxica. (Paralysis febrium*, Reil.)

Cette classification est la seule, la véritable classification fondamentale. Elle peut être sub-divisée suivant l'organe spécialement affecté, suivant la forme de la fièvre, sa marche, etc., etc.

Par exemple : *F. exanth. infl. ; nerv. ; F. cum inflammatione locali*, etc.

Modifications particulières de la forme des quatre fièvres essentielles.

Nous avons vu, dans les formes fondamentales, la cause première, la forme, etc. de la fièvre. J'ajoute un mot sur leurs modifications.

Chaque fièvre suppose un dérangement local par la réflexion duquel la fièvre se communique à l'organisme entier. La fièvre diffère d'après la différence du désordre local ; mais cette différence n'est que subordonnée. Chaque organe modifie la fièvre qu'il occasione. Il est inutile d'examiner tous les organes ; il suffit d'examiner avec soin ceux qui éprouvent facilement un dérangement, et qui sont le plus exposés à l'influence de la nature extérieure.

1. La surface intérieure, tout le trajet du canal

intestinal, occupant le premier degré de l'assimilation, étant dans un rapport alternatif considérable avec la nature extérieure, éprouve facilement des dérangemens, des maladies et des
fièvres, aussitôt que l'harmonie générale est interrompue. Une telle fièvre, outre les symptômes
généraux, en montre encore d'autres qui sont
caractéristiques, fondés sur l'affection locale. Ces
fièvres ayant profondément pris racine, le traitement général ne suffit plus pour les guérir. Il
est donc nécessaire d'y faire attention. Cette fièvre,
accompagnée de l'affection particulière du canal
intestinal, est la *febris gastrica*, et d'après la
différence spéciale, *F. gast. inflammatoria ; nervosa cum erethismo ; nervosa putrida*, etc.

2.° La surface extérieure du corps. Même rapport avec la nature extérieure. Le dérangement de
la transpiration, de l'absorption, etc., occasione
facilement des maladies et des fièvres d'une forme
particulière, qui exigent un traitement particulier. *Febr. rheumatica*; et spécialement *F. rheum.
infl. ; nervosa ; simplex ; putrida*; etc. Le dérangement primitif dans les fièvres essentielles n'est généralement plus aperçu. En général, il a cessé
d'exister. Mais la majeure partie des fièvres nerveuses et putrides dérivent d'une fièvre rhuma-

tismale ou gastrique, à moins qu'une contagion n'ait agi.

Outre les deux fièvres précédentes on distingue encore, par rapport à la forme particulière.

3. La fièvre intermittente. Quel phénomène singulier que la fièvre intermittente? Est-elle une fièvre fondamentale ? Non. Tantôt elle apparaît comme *febris interm. nervosa*, tantôt comme *febris inflam.* ; tantôt elle indique dans sa marche une affection considérable du *tractus intestinorum* ; tantôt de la peau ; tantôt d'un organe ou d'une partie du système nerveux. Quel est le siége de la cause primitive de cette fièvre, dans laquelle, comme dans d'autres fièvres , un organe, etc. , est en différent avec lui-même? C'est ce différent, qui, en réagissant sur la totalité de l'organisme, occasione la fièvre. Mais le caractère particulier de la fièvre intermittente est que cette réaction sur la totalité n'y est pas encore fixée ; de manière que l'harmonie se rétablit par des paroxysmes , et que le différent entre l'organe et l'organisme est suspendu pendant quelque temps. Ce différent ne continue d'exister que dans l'organe. Ceci nous fait comprendre les intervalles des paroxysmes , l'avancement et le retard des accès, et pourquoi toutes les fièvres intermit-

lentes exigent un traitement commun , qui , toutefois, dans chacune en particulier doit être différent selon les circonstances.

4. La fièvre lente. Elle est d'une nature toute particulière. Elle a lieu lorsque les efforts de l'organisme en général , pour rétablir l'égalité relative des systèmes, tendent à l'harmonie absolue ou à l'entière dissolution. L'organisme n'y prend qu'une part passive : c'est pour cela que, dans cette maladie, il y a toujours dérangement de la végétation organique. Que sa cause soit *phthisis*, *tabes*, *etc.*, la fièvre lente ne commence d'être le résultat d'autres maladies , que lorsque la végétation est attaquée. La diminution de la reproduction (*minus reproductionis*), voilà l'action de cette fièvre, d'où proviennent sa marche lente et jamais aiguë , et l'amaigrissement du malade. C'est pour cela qu'on l'appelle *febris lymphatica*, et qu'il faut employer la méthode nourrissante (*methodus restaurans*); d'où vient enfin que d'autres maladies , par exemple, l'hydropisie , la goutte ou toute autre maladie chronique, finissent si souvent par *febris lenta*.

Pronostic des fièvres.

Il se base sur les règles essentielles suivantes :

I. — Sur la comparaison des diverses espèces de fièvre. La qualité de la fièvre détermine sa marche plus ou moins rapide. La fièvre inflammatoire est la moins dangereuse : la *febris putrida* est la plus dangereuse. Entre elles deux se trouve la fièvre nerveuse versatile, et la *F. nerv. stupida.* La cause première de ces deux dernières nous indique que leur marche doit être la moins rapide. Pour n'être pas induit en erreur par les Aphorismes pronostiques tirés des phénomènes, il faut saisir et concevoir ceux-ci d'une manière juste et exacte.

II. — Sur le degré de dérangement de l'équilibre des systèmes. Le moment où l'on observe les phénomènes est d'une grande importance pour prédire la durée et la marche graduelle de la fièvre. Comparez les systèmes polaires entre eux, et vous découvrirez le degré de la fièvre; son histoire et son développement vous indiqueront si sa marche sera plus ou moins rapide. Considérez

4*.

le genre de fièvre : plus le système qu'elle affecte est normal, plus le pronostic est favorable.

a. *Système de la sensibilité.*

α. C'est un bon augure si le rapport intellectuel n'est pas altéré. *Bonum est, si æger morbum fert ut ferre debet.* L'homme colère doit rester colérique, etc.

β. Examinez le sentiment de soi-même. Il est d'un bon augure, s'il ne s'éloigne pas beaucoup de celui de l'état de santé ; il est de mauvais augure si le malade se sent autrement qu'en état de santé.

γ. Considérez les fonctions du système nerveux : les défaillances, surtout au commencement, sont de mauvais augure, à moins que le malade ne soit attaqué d'hystérie et de maladies semblables. C'est encore un mauvais augure si les organes des sens dévient trop de l'état naturel de leurs fonctions. L'avidité du jour chez les femmes en couche est presque toujours le symptôme d'une mort prochaine. La trop grande insensibilité de l'œil est également un mauvais signe, de même dans la peau, si elle est insensible aux rubéfians.

δ. Il est de mauvais augure si les fonctions de

l'irritabilité et de la sensibilité ne se réfléchissent pas. La carpologie, point de connaissance des fonctions musculaires , yeux à moitié ouverts ; selles , etc. , sans que le malade en ait connaissance , sont des symptômes fâcheux.

b. *Système de l'irritabilité.*

1. Même règle , comme dans le système précédent. Plus l'*habitus totus* dévie de son ordinaire , plus l'augure est mauvais. Un changement subit considérable des traits de la figure et le sourire sont de mauvais augure.

2. Plus l'irritabilité est dans en état abnorme, plus le malade est en danger. Regardez sa position. Est-il, contre son habitude, toujours couché d'un seul côté , tranquille ou remuant ; glisse-t-il de son chevet dans son lit, est-il hors d'état de s'aider lui-même, tremble-t-il , sa langue est-elle tremblante, paralysée, balbutie-t-il, ne peut-il pas prononcer les lettres linguales, a-t-il la déglutition pénible , les sphincters sont-ils paralysés, tous ces symptômes sont de très-mauvais augure.

3. Plus les fonctions de l'irritabilité, par exemple, dans les poumons, la peau, etc. , sont

en désordre, plus le pronostic est mauvais. Respiration bruyante, *calor mordax, etc.*, sont de très-mauvais signes.

4. Le moment dans lequel tel degré de la fièvre s'est développé est très-important ; plus le mal est violent et plus son développement est rapide, plus il y a de danger. Ceci est essentiel dans la pratique. Car il faut agir sans perdre de temps, et employer des remèdes efficaces.

c. *Système de la reproduction.*

Les règles fondamentales sont également applicables ici : plus il y a disposition à la décomposition, plus la mort sera prochaine. Les sueurs colliquatives, puantes ; les diarrhées, l'urine mélangée de couleur brune, noirâtre, luisante, grasse, sanguinolente , sont de mauvais signes. Plus l'assimilation, la végétation sont inertes, plus le malade est défiguré , maigre , plus il est en danger.

III. — Le pronostic se fonde en troisième lieu sur les causes éloignées. Elles sont très-importantes : selon qu'elles sont plus ou moins faciles ou difficiles à éloigner, l'augure est favorable ou défavorable. La connaissance des causes éloignées nous met souvent à même de déterminer toute la marche de la fièvre.

Exemples : Le refroidissement, la contagion de la petite-vérole, de la dysenterie, de la peste, de la fièvre jaune, etc. Les différentes contagions attaquent les organes qui leur sont propres, ce qui permet de prédire la marche, etc., de la fièvre.

IV. — Il est basé enfin sur l'individualité, sur l'état des organes importans, et sur le degré du dérangement de l'organisme. Cette règle est très-importante. Observez les fonctions des poumons, du cerveau, etc. Respiration douloureuse, pénible, orthopnée, pulsation forte des carotides et des artères temporales ; rougeur séparée, partiale, de la figure ; le ventre chaud, douloureux, battant ; météorisme, excrétions involontaires, etc. ; tous ces phénomènes sont de mauvais augure.

Pour bien juger de l'état de la maladie, il faut considérer tous les phénomènes dans leur ensemble. Un seul phénomène défavorable n'est pas décisif ; il peut exister sans qu'il y ait danger, si le reste est en bon état ; c'est pour cela que l'on se trompe si souvent. Observez l'*habitus totus* du malade. Voilà la règle des anciens. Elle est difficile, mais c'est la plus sûre. Examinez tout en particulier et de toutes les manières, alors comparez l'ensemble avec le particulier, et jugez.

Règles générales de la guérison des fièvres.

a. On traite la cause éloignée. Cette règle est bonne, mais elle n'est pas curative; car la fièvre est une maladie indépendante, subsistante par elle-même.

b. On traite la cause première, c'est-à-dire la fièvre. Le traitement est le résultat de l'idée qu'on se forme de la fièvre. On donne les antispasmodiques, quand il y a spasmes dans les vaisseaux; on purge, quand on attribue la cause de la fièvre à des matières.

c. Ayez égard au caractère de la fièvre. Excitez et diminuez alternativement, suivant le cas, l'activité vitale. Cette règle est bonne; mais elle ne se rapporte pas à la fièvre, mais à la modification et à l'espèce de la fièvre. (Cependant il faut aussi avoir égard au caractère de la fièvre, qui n'est pas toujours le même.) Cette règle n'est donc qu'une indication spéciale.

d. Considérez les phénomènes et affections prédominans des organes. Cette règle n'est également que spéciale, car les phénomènes ne sont pas la fièvre.

Il est impossible d'établir une cure générale, exacte, sans connaître la cause primitive de la fièvre.

Donc :

INDICATION PRINCIPALE. — Quelle est l'idée de la fièvre? Conduisez les efforts de la nature de telle manière, que le rétablissement de l'harmonie des systèmes se réalise.

> (Cette indication est confirmée par beaucoup de fièvres qui se guérissent d'elles - mêmes, par son histoire, sa marche, sa fin, etc.)

Comment cette cure peut-elle être réalisée? Chaque fièvre a son *stadium prodromorum* (*febris simplex*); elle se communique aux systèmes polaires plus ou moins rapidement, suivant l'état plus ou moins exalté de la sensibilité et de l'irritabilité. Il importe beaucoup de savoir quel était cet état avant la maladie, et de le saisir parfaitement pendant la maladie.

Première méthode curative. — Empêchez (*in stadio prodromorum atque initii*) que la fièvre n'affecte les systèmes polaires. Supprimez - la,

Fixez l'équilibre des systèmes par le quinquina, l'opium. Chassez la contagion par un émétique.

> (Cette méthode ne considère point les organes ; elle est applicable lorsque la fièvre ne peut éloigner le dérangement fixé dans un organe , qui pourrait même augmenter , et dont la réflexion dans la totalité occasionerait du danger, par exemple : par la réception d'une contagion.)

Quand une fois les systèmes polaires sont affectés il devient important d'employer

La *Deuxième méthode curative.* Réconciliez les systèmes ; favorisez leurs efforts par les moyens suivans :

a. Affaiblissez le pôle qui prédomine ;

b. Exaltez celui qui succombe ;

c. Empêchez l'action et la réaction trop rapides des facteurs des deux systèmes ;

d. Favorisez les moyens qui peuvent effectuer la crise.

Les deux premiers moyens sont opposés l'un à l'autre. On emploie très-souvent les deux suivans sans que toujours on s'en aperçoive. Empêchez la progression du dérangement de l'équilibre des systèmes ; si vous n'y réussissez pas , ayez recours aux moyens positifs directs. Employez tantôt le moyen indiqué dans *a* , tantôt le second et le troisième ; mais mettez toujours le dernier en usage. L'indifférent général (*das indifferente*) dans la nature est le liquide ; servez-vous-en dans la fièvre ; il rétablit les rapports dérangés des systèmes entre eux. Remarquons bien comment tant de fièvres guérissent d'elles-mêmes. Il n'y a que le degré du mal qui établisse une différence dans le traitement, et non la cause première. Observez la fièvre causée par le vin, la fièvre catarrhale des enfans. Qu'arrive-t-il ? Elle est guérie par le sommeil, pendant lequel c et b se sont réconciliés par la crise de la transpiration, etc. Des fièvres malignes et autres se guérissent de la même manière sans que nous nous en apercevions : chez le cultivateur robuste, par exemple, beaucoup de fièvres inflammatoires et asthéniques se guérissent par c et d d'elles-mêmes. Mais si les systèmes ne se réconcilient pas, la maladie marche progressivement, elle atteint le maximum et rétrograde ensuite. Qu'on réfléchisse à l'efficacité de la méthode débilitante dans la pneumonie chez le paysan.

On doit employer alternativement tantôt a, tantôt b, ou tous les deux ensemble. Ces moyens sont le plus généralement employés ; ils sont toujours nécessaires si on ne peut effectuer c sans danger. En général, il faut, dans la sthénie, diminuer ou affaiblir, et dans l'asthénie exciter ou exalter les forces vitales. On peut cependant traiter jusqu'à un certain point et pendant quelque temps les fièvres asthéniques par la méthode débilitante. Ceci nous fait voir qu'il y a diverses manières de guérir, et que la guérison d'une fièvre peut avoir lieu après le changement d'une méthode.

Considérez l'influence des diverses périodes de la fièvre. Employez peu de moyens simples, n'en employez jamais de violens dans le *stadium prodromorum atque initii*; observez seulement. Allez progressivement *in stadio incrementi*. Soyez énergique *in stadio fastigii*. Le *stadium criticum* exige toute votre attention, tous vos soins. Ne négligez point les *roborantia fixa in stadio sequelarum*. Observez les organes de la digestion et de la reproduction. Défiez-vous des maladies secondaires.

Tel est l'aperçu des idées que nous nous proposons d'appliquer à l'étude de toutes les maladies, et que nous développerons dans un ouvrage qui sera publié prochainement.

IMPRIMERIE DE GUEFFIER, RUE MAZARINE, N°. 23.